Der Entropiesatz

oder der zweite Hauptsatz
der mechanischen Wärmetheorie.

Von

Dr. phil. H. Hort,
Diplom-Ingenieur in Dortmund.

Mit 6 in den Text gedruckten Figuren.

Berlin.
Verlag von Julius Springer.
1910.

Alle Rechte, insbesondere das der
Übersetzung in fremde Sprachen, vorbehalten.

ISBN-13: 978-3-642-89884-6   e-ISBN-13: 978-3-642-91741-7
DOI: 10.1007/978-3-642-91741-7

Vorwort.

Die vorliegende Arbeit soll dazu dienen, einen verständlichen Einblick in das wichtigste und zugleich schwierigste Gebiet der Naturwissenschaften zu geben. Die Arbeit ist in erster Linie für die Bedürfnisse des Ingenieurstandes geschrieben, d. h. eines Standes, der — abgesehen von einem allgemeinen naturwissenschaftlichen Wissen — in der Hauptsache nur auf seinen jeweiligen Spezialgebieten eingehendere Kenntnisse der physikalischen und chemischen Naturvorgänge besitzt, und der andererseits bei einer sehr gesteigerten Berufstätigkeit keine Zeit findet, in eingehendem Quellenstudium sich in unsere allgemeineren naturwissenschaftlichen Kenntnisse und Erkenntnisse tiefer einzuarbeiten.

Daß der Ingenieurstand ein großes Interesse für die naturwissenschaftlichen Fragen unserer Zeit besitzt, und zwar gerade für die allerschwierigsten, geht aus Verschiedenem hervor. Als ein Ausfluß dieses Interesses sind wohl unter anderem die zeitweilig von einzelnen Ingenieuren veröffentlichten Bücher über „Naturwissenschaften", „Naturerkenntnis" usw. anzusehen. Diese Bücher — ich denke dabei an Schriften wie die von A. Patschke, G. Hose und anderen — haben keinen dauernden Wert, sie enthalten zum Teil abenteuerlich-phantastische Betrachtungen, vermischt mit richtig und falsch aus den Naturwissenschaften entlehnten Sätzen. Die Bücher sind aber von Interesse, weil sie das Ringen und Kämpfen selbständig Denkender nach naturwissenschaftlicher Erkenntnis bezeugen. Leider ist es ein Ringen und Kämpfen mit unzureichenden Mitteln.

Durch die vorliegende Arbeit soll versucht werden, dem Wunsch des Ingenieurs nach einem tieferen Eindringen in die Naturwissenschaften gerecht zu werden. Eine weitgehende Gliederung der Arbeit soll die Erreichung dieses Zweckes erleichtern.

Dortmund, Neujahr 1910.

Dr. H. Hort.

Inhaltsverzeichnis.

Seite

Einleitung 5
Allgemeine Festsetzungen. — Die drei Sätze der Naturerkenntnis.

I. Teil 8
Veranschaulichung der Entropie mit Hilfe des Begriffes der Zeitgröße. — Eine wichtige Folgerung aus dem als richtig vorausgesetzten Entropiesatz. — Allgemeine Darlegung des Inhaltes des Entropiesatzes.

II. Teil 14
Geschichtliches. Ableitung der Entropiegröße. — Die Rolle der Entropie bei den idealen Prozessen. — Die Entropie eines einzelnen Körpers von bestimmtem Zustand. — Erläuterungen zum Carnotprozeß. (Mechanisches Gleichnis der Entropie, vollkommenes Thermoelement, zeichnerische Darstellung des Carnotprozesses.)

III. Teil 23
Das Verhalten der Entropie bei realen Naturvorgängen rein thermodynamischer Energiearten. (Wärmeausbreitung durch Leitung, Drosselung eines Gases, Mischung (Diffusion) zweier Gase.)

IV. Teil 29
Das Verhalten der Entropie bei realen Naturvorgängen beliebiger Energiearten. (Fallen eines Gewichtes.)

V. Teil 34
Zeichnerische Darstellung der Entropie wärmetechnisch wichtiger Stoffe. (Wasser, Kohlensäure, Ammoniak, schweflige Säure.) — Das Wärmediagramm eines Körpers für die drei Aggregatzustände.

VI. Teil 38
Der Entropiesatz vom Standpunkt der Wahrscheinlichkeitsrechnung.

Schluß 40

Einleitung.

Allgemeine Festsetzungen. — Die drei Sätze der Naturerkenntnis.

Das geflügelte Wort von den „weit vorgeschrittenen Naturwissenschaften" wird gemeinhin mißverstanden. Wer nicht selbst Naturwissenschaftler von Beruf ist, glaubt gerne, daß die Naturwissenschaft uns Naturerkenntnis in Hülle und Fülle geschaffen habe und täglich schaffe. Tatsächlich ist das, was die Naturwissenschaft in mühsamer Arbeit zu stattlichem Bau zusammenträgt, Naturbeobachtung, Naturkenntnis, aber nicht Naturerkenntnis. Die von den größten Geistern aufgestellten „Naturgesetze" und Theorien sind aus dem Beobachtungsmaterial herausgezogen worden und dienen dazu, dieses ungeheure Material übersichtlich einzuordnen in die Regale und Register naturwissenschaftlicher Schatzkammern und Speicher; sie haben allgemein mit Naturerkenntnis nichts zu tun.

Der großen Zahl der Naturbeobachtungen — unserer umfassenden Naturkenntnis — stehen nur drei Sätze gegenüber, die Naturerkenntnis lehren, oder vielmehr: sie stehen der Naturkenntnis nicht gegenüber, sondern bilden die Grundlagen derselben.

Ehe wir diese drei gewaltigen Sätze menschlichen Naturerkennens anführen, müssen wir uns kurz klarmachen, was der Gegenstand der physikalisch-chemischen (einschließlich der physiologischen) Naturbeobachtung ist. Man sagt wohl, alle Vorgänge in der Natur sind es, soweit sie entweder direkt oder indirekt vermittels geeigneter Hilfsmittel von den menschlichen Sinnen wahrgenommen werden können. Dies ist jedoch zu allgemein gesagt, da es viele Naturvorgänge in diesem Sinne gibt, die beispielsweise für den Zeitungsberichterstatter, aber nicht für den Naturforscher

Interesse haben, wie z. B. ein Eisenbahnzusammenstoß, ein Hausbrand usw.

Für den Standpunkt des physikalisch-chemisch arbeitenden Naturforschers ist ein „Naturvorgang" in letzter Linie nur insofern vorhanden, als es sich bei ihm um irgendwelche meßbaren Änderungen der Größen „Energie" und „Materie" eines Körpers oder Körpersystems, z. B. der Welt, handelt. Hierin liegt nicht etwa eine einseitige Beschränkung der Gebiete der Naturforschung. Vielmehr sind alle sonstigen Naturereignisse im Grunde nur Anwendungen der physikalisch-chemisch zu verfolgenden Naturvorgänge.

Die physikalisch-chemischen Begriffe von „Energie" und „Materie" seien als bekannt vorausgesetzt. Über den Begriff „Körpersystem", „Welt", spez. über den später benutzten Begriff „in sich abgeschlossenes Körpersystem", in dem die Naturvorgänge sich abspielen, sei kurz folgendes gesagt: Daraus, daß es sich um meßbare Änderungen der Größen Energie und Materie in den Körpersystemen, z. B. in der „Welt", handeln soll, ergibt sich bereits, daß diese Körpersysteme zwar beliebig groß gedacht werden können, aber stets endlich sein müssen. Beispielsweise können wir uns als Körpersystem, für das unsere Festlegungen gelten, einen Teil unseres Experimentierraumes oder den ganzen Erdball oder unser Planetensystem oder das Fixsternsystem, dem unsere Sonne angehört, usw. denken.

Unter dem unten zu nennenden, „in sich abgeschlossenen Körpersystem" wollen wir uns ein solches System vorstellen, bei dem wir die äußeren Einflüsse gegen die inneren Vorgänge vernachlässigen können. Wir können uns ein solches System entweder durch eine geeignete, isolierende Einhüllung der abzuschließenden Körper herstellen oder auch dadurch, daß wir das Körpersystem etwa in der Form einer Kugel immer größer und größer wählen, vom Erdball zum Planeten, zum Sonnensystem. (Dann nimmt der Inhalt, der ein Maß für die Größe der inneren Vorgänge sein möge, mit dem Kubus, die Oberfläche, das Maß für die Größe der äußeren Einflüsse, nur mit dem Quadrat des Kugeldurchmessers zu.)

Nunmehr seien die drei großen Sätze unserer Naturerkenntnis angeführt. Es sind dies:

1. a) der Satz, daß die Energie eines in sich abgeschlossenen Körpersystems, z. B. der (beliebig großen,

aber stets endlich zu denkenden) Welt, in ihrer Gesamtgröße bei jedem Naturvorgang dauernd erhalten bleibt;
1. b) der Satz, daß die Materie eines in sich abgeschlossenen Körpersystems, z. B. der Welt, in ihrer Gesamtmasse bei jedem Naturvorgang dauernd erhalten bleibt;
2. der Satz, daß eine gewisse physikalisch-mathematische Hilfsgröße, die „Entropie" eines in sich abgeschlossenen Körpersystems, z. B. der Welt, in ihrer Gesamtsumme bei jedem Naturvorgang dauernd vergrößert wird und dabei einem größesten Grenzwert zustrebt.

Die beiden ersten Sätze erscheinen gleichgeordnet; kühne Forscher behaupten sogar, sie seien gleichbedeutend, d. h. Energie und Materie seien identisch. Unter die beiden Sätze ordnen sich die meßbaren Vorgänge der organischen und anorganischen Natur unter, die physikalischen, chemischen, physiologischen Vorgänge. Auf den ersten Satz bauen sich speziell die physikalischen Beobachtungen und Gesetze auf, auf den zweiten die chemischen.

Der dritte Satz steht nach seinem ganzen Inhalt abseits von den beiden ersten Sätzen; er umfaßt in gleicher Weise die Vorgänge der physikalischen, chemischen und physiologischen Spezialgebiete. Da er auf dem Gebiet der Wärmelehre zuerst aufgefunden wurde, erhielt er den Namen „zweiter Hauptsatz der Wärmelehre". Seine Gültigkeit erstreckt sich jedoch über die Grenzen der Wärmevorgänge hinaus auf sämtliche Naturprozesse. Andere Namen des „zweiten Hauptsatzes" sind „Entropieprinzip", „Satz von der Vermehrung der Entropie". (Der „erste Hauptsatz der Wärmelehre" ist der unter 1a angeführte „Satz", auch genannt das „Energieprinzip" oder der „Satz von der Erhaltung der Energie".)

I. Teil.

Veranschaulichung der Entropie mit Hilfe des Begriffes der Zeitgrösse. — Eine wichtige Folgerung aus dem als richtig vorausgesetzten Entropiesatz. — Allgemeine Darlegung des Inhaltes des Entropiesatzes.

Die Sätze von der Erhaltung der Energie und der Materie sind in ihrer allgemeinen Bedeutung leichter zu erfassen, während der Satz von der Vermehrung der Entropie dem tieferen Verständnis größere Schwierigkeiten bietet. Die Ursache hierzu liegt in der Unzugänglichkeit des Begriffs der Entropie. Man hört, die Entropie ist eine eindeutig bestimmte Größe für einen Körper von bestimmtem Zustand, z. B. für die gesamte Welt, genau so bestimmt wie etwa die „Erzeugungswärme" des betreffenden Körpers, und hört ferner, daß der Wert dieser Größe sich bei jedem Naturvorgang vermehrt, die Entropie also scheinbar immer mehr „hervorquillt". Man fragt sich: Wie ist dieses Mehrwerden zu verstehen?

Bevor wir diese Frage beantworten, ist zunächst festzustellen, daß die Entropie eine rein mathematische Hilfsgröße ist, im Gegensatz zu den physikalischen und chemischen Größen der Energie und Materie. Wir können auch sagen: Energie und Materie sind **dingliche Größen**, während die Entropie eine **begriffliche Größe** ist.

Eine uns sehr geläufige und im Grunde doch nicht leicht verständliche, **begriffliche Größe** ist die Zeit, und im selben Sinne ist die Entropie eine begriffliche Größe.

Wir wollen versuchen, uns den Entropiebegriff mit Hilfe des Zeitbegriffes geläufig zu machen. Dazu müssen wir uns zunächst den Zeitbegriff von einer bestimmten Seite her näher erläutern.

Der Zeitbegriff ist uns so geläufig, daß wir ihn uns vorzustellen vermögen, ohne ihn mit einem bestimmten Gegenstand verknüpfen zu müssen. Und doch bekommt der Zeitbegriff erst dadurch einen Sinn, daß wir ihn mit den verschiedenen, beobachtbaren Zuständen eines Gegenstandes unserer Umgebung in Zusammenhang bringen. Wir veranschaulichen uns dies an einem Beispiel: Eine gewisse Wärmemenge werde momentan erzeugt, etwa durch Zusammenstoßen zweier Körper. Wir verfolgen das Entstehen und Verschwinden der Wärmemenge mit Hilfe der Uhr und des Thermometers. Im Augenblick des Entstehens der Wärme sei die Zeit dieses Vorganges = 0 zu setzen, entsprechend der am Thermometer abzulesenden Temperatur $T_0{}^0$. Nach Verlauf einer Minute zeigt das Thermometer nur noch eine Temperatur = $T_1{}^0$. Diesem augenblicklichen Zustand des Vorganges geben wir die Zeitgröße 1, nach 2 Minuten, entsprechend einer Temperatur = $T_2{}^0$, die Zeitgröße 2 usw. Ebensogut hätten wir dem Moment des Entstehens der Wärme die Zeitgröße Z zulegen können; dann wären die anderen Zeitgrößen statt 1, 2 usw. $Z+1$, $Z+2$ usw. geworden.

Aus diesem Beispiel erkennen wir, daß der Zeitbegriff nur im Zusammenhang mit einem Vorgang Sinn hat. Ferner erkennen wir, daß die Zeitgröße Z mit dem fortschreitenden Vorgang zunimmt, sie wird $= Z+1$, $Z+2$ usw. Wir haben es also mit einem **Zunehmen der Zeitgröße** zu tun. Dieses Zunehmen der Zeit — das **Wachsen der Zeit** — ist uns vertraut, ja selbstverständlich geworden, weil wir es täglich und stündlich messen können und danach zu leben gewohnt sind.

Nun ist festzustellen, daß das Wachsen der Zeitgröße während eines Vorganges ein ganz analoges Seitenstück zu dem Wachsen der Entropiegröße ist. Und haben wir uns einmal genaue Rechenschaft darüber gegeben, daß mit dem Fortrücken des Uhrzeigers ein ewiges, stetes Wachsen der Zeit verbunden ist, dann können wir auch mit der dauernden Vermehrung der Entropie in der Natur eine bessere Vorstellung verknüpfen. — Daß außerdem noch ein tieferer Zusammenhang zwischen Zeitgröße und Entropiegröße, zwischen dem Wachsen der Zeit und der Vermehrung der Entropie besteht, wird in nachstehendem weiter ausgeführt.

Um uns über die umwälzende Bedeutung des Entropiesatzes gleich zu Anfang einen Überblick zu verschaffen, wollen wir eine der wichtigsten Folgerungen aus dem als richtig vorausgesetzten Naturgesetz hier vorwegnehmen — eine Folgerung, die über die Grenzen der Physik und Chemie hinaus eine Weltanschauung festlegt.

Die Folgerung besagt: **Die Natur kann niemals denselben Zustand noch einmal einnehmen, den sie früher bereits einmal besaß**; mit anderen Worten: der Weltenlauf geht in einer nicht in sich zurückkehrenden Linie vor sich.

Betrachten wir nämlich die Naturzustände mit Hilfe der Größe der Entropie, so finden wir, daß die Natur hinsichtlich der Entropie in immer neue Zustände übergeht; denn bei jedem Vorgang in der Natur vermehrt sich die (Gesamt-) Entropie derselben; die Entropie kann mithin niemals wieder einen ihrer früheren Werte erreichen. Da nun die Entropie keine willkürliche Größe ist, sondern eng mit dem Naturzustand verbunden ist, so daß zu einem Naturzustand stets nur ein Entropiewert gehört, so ergibt sich hieraus die obige Folgerung.

Diese Folgerung scheint unseren täglichen Beobachtungen des Wechsels von Tag und Nacht, Sommer und Winter, des Kreislaufes des Wassers auf der Erde usw. zu widersprechen.

Diese täglichen Beobachtungen haben uns ja den „Kreislauf in der Natur" gelehrt; ihnen scheinen die Sätze von der Erhaltung der Energie und der Materie zu entsprechen, jedenfalls widersprechen sie ihnen nicht.

Jetzt stößt der Entropiesatz die zur Gewohnheit gewordene Anschauung vom „Kreislauf der Natur" um und zerstört damit gleichzeitig die Grundlagen ganzer philosophischer Systeme.

Um dieser Folgen willen ist der Entropiesatz bis in die Neuzeit von Philosophen und philosophisch sich versuchenden Naturforschern angegriffen worden (vergl. Ende der Arbeit). Man hat versucht einen Widerspruch zwischen dem Energieprinzip und dem Entropieprinzip daraus herzuleiten, daß das Energieprinzip dem „Kreislauf in der Natur" nicht entgegenstehe, wohl aber das Entropieprinzip. Dabei hat man ganz übersehen, daß das Energieprinzip gar nichts enthält, was auf den „Kreislauf in der Natur" Bezug hätte. Infolgedessen hat das Energiegesetz seine Gültigkeit, sowohl wenn der „Kreislauf der Natur" richtig, als auch wenn er nicht richtig ist, und ferner auch unabhängig davon, ob der Entropiesatz gilt oder nicht gilt.

Den Angriffen gegen den Entropiesatz, die z. T. von Männern mit klangvollen Namen gemacht wurden, stehen auf dem Gebiet der exakten Naturforschung mathematisch und experimentell gefundene Resultate gegenüber, die die Allgemeingültigkeit des Entropiesatzes über jeden Zweifel stellen.

Die folgenden Zeilen sollen auch dem den Naturwissenschaften Fernerstehenden Gelegenheit geben, sich ein eigenes Urteil über den zweiten Hauptsatz zu bilden.

Aus Erfahrung wissen wir, daß jeder Vorgang, den wir in den einzelnen Gebieten der Natur beobachten, unter gleichen Anfangs- und Begleitumständen stets in derselben Weise, insbesondere in derselben Richtung verläuft. So rollt ein Stein unter Einwirkung der Schwerkraft eine geneigte Ebene hinab und verwandelt durch Stoß und Reibung seine lebendige Energie in Wärme; die Niveaus einer Flüssigkeit in kommunizierenden Röhren gleichen sich aus, wobei gleichfalls Reibungswärme entsteht; Körper von verschiedenen Temperaturen erhalten — wärmeleitend verbunden — allmählich eine gemeinsame mittlere Temperatur; chemische Reaktionen erfolgen bei gleichen Bedingungen der Umgebung stets in demselben Sinne usw.

Solche mit beobachtbarer Geschwindigkeit sich vollziehende Vorgänge wollen wir „natürliche" nennen.

In diesem Sinne natürlich sind sämtliche in der Natur sich abspielenden Prozesse. (Scheinbar vermag das mit Willen begabte Wesen eine Änderung der Prozeßrichtungen zu bewirken, tatsächlich vermag der Wille einen natürlichen Prozeß auch nur durch Änderung der Anfangs- und Begleitumstände zu beeinflussen; sobald diese letzteren festgelegt sind, wird der Prozeß selbst ein „natürlicher" sein.)

Die natürlichen Vorgänge haben nun noch eine weitere Eigenschaft gemeinsam, die für unsere Betrachtungen wichtig ist: Die Vorgänge innerhalb eines getrennt zu beobachtenden, mithin endlichen Systems kommen mit der Zeit zu einem Ende. Der herabrollende Stein bleibt schließlich einmal liegen, die schwankenden Flüssigkeitsoberflächen von kommunizierenden Röhren kommen zur Ruhe, nach geschehenem Temperaturausgleich innerhalb eines Körpers erfolgt kein Wärmetransport mehr in demselben usw. Diese Resultate sind uns durch die tägliche Anschauung geläufig.

Zu den natürlichen Vorgängen haben wir — was vielleicht auf den ersten Blick nicht selbstverständlich erscheint — auch Prozesse zu rechnen, die sich in maschinellen Vorrichtungen, z. B. in einer laufenden Wasser- oder Wärme-Kraft- bezw. -Arbeitsmaschine und deren Kombinationen abspielen, ferner bei einem von Menschen betätigten Hebezeug, in einer elektrischen Batterie, die einen Elektromotor treibt usw. Wir wissen auch von diesen Prozessen, daß sie sich erstens stets in derselben Richtung abspielen, d. h. daß beispielsweise eine „Kraftmaschine" nie von selbst sich in eine „Arbeitsmaschine" und umgekehrt verwandeln kann, und daß sie zweitens — sich selbst überlassen — zu Ende kommen, d. h. daß die Maschinen usw. stillstehen, sobald ihre Energiequellen nicht mehr von außen her gespeist werden, — sobald beispielsweise die Dampfkessel nicht mehr geheizt werden, die elektrische Batterie sich entladen hat usw.

Wir fassen zusammen: Alle Vorgänge in der Natur haben zwei, für unsere Betrachtungen wesentliche Eigenschaften gemeinsam: **die eindeutig bestimmte Prozeßrichtung und das schließliche Zuendegehen des Prozesses.**

Es drängt sich die Frage auf: Können wir dieses, aus unseren täglichen Beobachtungen gewonnene Resultat nicht in eine mathematisch-physikalische Form einkleiden?

Die Antwort auf diese Frage lautet: **Das „Entropieprinzip" oder „der zweite Hauptsatz" ist die mathematisch-physikalische Fassung unserer Beobachtung, daß alle Vorgänge in der unseren Beobachtungsmethoden zugänglichen, endlichen Natur einmal eindeutige Prozeßrichtung besitzen und ferner schließlich zur Ruhe kommen.**

Der Entropiesatz sagt nämlich: Bei jedem Vorgang in der unseren Beobachtungen und Folgerungen zugänglichen Welt vergrößert sich erstens die Entropie dieser Welt und strebt zweitens einem bestimmten, größesten Grenzwert zu (statt mit der Zeit beliebig ins Grenzenlose zu wachsen).

Hat die Entropie ihren größesten Grenzwert erreicht, dann kann sich kein Vorgang mehr in der Welt abspielen; die Welt liegt tot da.

In der vorstehenden Form ist der Entropiesatz gewissermaßen in zwei Teile zerlegt, in einen Teil, der das dauernde Größerwerden der Entropie ausspricht, und einen anderen Teil, der das Streben der Entropie nach einem Maximalwert festlegt. Diesen beiden Teilen entsprechen je unsere zwei Beobachtungen bei natürlichen Vorgängen: die Eindeutigkeit der Prozeßrichtung und das Zuendegehen der Prozesse.

Diesen Zusammenhang können wir uns näher veranschaulichen, wenn wir die oben kurz erwähnten Beziehungen zwischen den Naturvorgängen einerseits und der Zeit andererseits weiter verfolgen. Dadurch werden wir auch den Entropiebegriff uns noch näher erläutern.

Wie wir oben sahen, schreitet die Zeit vorwärts, während die Naturvorgänge um uns her sich abspielen, oder, wie wir auch sagen können, die Zeit nimmt währenddem zu.

Nehmen wir einmal an, die Natur, in der wir leben, stände still, d. h. es spielten sich keine Naturvorgänge ab, dann könnten wir auch keine Fortschritte der Zeit bemerken; es wäre ja kein Merkmal zu finden, an dem wir das Fortschreiten der Zeit feststellen könnten. Beispielsweise würde bei unserem früheren Beispiel die Zeitgröße, die im Augenblick der Wärmeerzeugung gleich Z ist, dauernd gleich Z bleiben, wenn keine Wärmeausbreitung einträte.

Daraus ergibt sich: **Bei Annahme eines Stillstandes der Natur muß die Zeit gleichfalls stillestehen.**

Weiterhin wollen wir im Geiste alle Prozesse in der Natur sich rückwärts abspielen lassen, so daß wir nacheinander in die früheren Naturzustände zurückkehren. Bei unserem obigen Beispiele mögen somit die einzelnen Zustände des Vorganges sich in der Zeitfolge $Z+x$, $Z+x-1$, $Z+x-2$ usw. abspielen. Dann ist das Resultat dasselbe, als liefe die Zeit rückwärts; mit anderen Worten: **bei einem derartigen, rückwärts sich abspielenden Vorgang nimmt die Zeit ab**, bei unserem Beispiel von dem Wert $Z+x$ auf $Z+x-1$ usw. bis $Z+2$, $Z+1$, Z.

Es besteht somit ein enger Zusammenhang zwischen Zeit, besser „Zeitgröße" und Geschehen, den wir kurz noch einmal zusammenfassen:

Es entspricht
1. jedem Geschehen — jedem Vorwärtsschreiten — in der Natur ein Zunehmen der zugehörigen Zeitgröße;
2. einem gedachten, absoluten Stillstand der Natur ein Konstantbleiben der Zeitgröße;
3. einem gleichfalls gedachten, an sich unmöglichen Rückwärtsschreiten der Naturvorgänge ein Abnehmen der Zeitgröße.[1]

Der bereits oben betonte Zusammenhang zwischen Zeit und Entropie kommt nun dadurch zum Ausdruck, daß es möglich ist,

---

[1] Wir messen das Vorwärtsschreiten der Zeit ganz willkürlich aus rein praktischen Gründen an dem Wechsel der Tage, Monate, Jahre. Weniger willkürlich, wenn auch praktisch undurchführbar wäre es, die Zeitgröße an dem „Geschehen" zu messen, wobei beide Meßmethoden natürlich ein grundsätzlich verschiedenes Zeitmaß bedingen.

in den vorstehenden drei Sätzen ohne weiteres überall das Wort „Zeitgröße" durch das Wort „Entropie" zu ersetzen.

Wir erhalten dann folgende speziellere Fassung des zweiten Hauptsatzes für eine in sich abgeschlossene Natur:
1. Spielt sich irgend ein Vorgang in der Natur ab, dann wächst ihre Entropie.
2. Ist ein absoluter Stillstand der Naturvorgänge eingetreten, dann bleibt die Entropie auf einem größesten Wert konstant stehen.
3. Würde es einmal möglich sein, daß irgend ein Vorgang in der Natur sich „rückwärts abspielte", dann würde die Entropie abnehmen.

Die Umkehrungen dieser drei Sätze müssen auch richtig sein, wie für jeden einzelnen Satz aus den beiden anderen Sätzen durch indirekten Beweis abzuleiten ist.

Als besonders wichtig sei die Folgerung aus 3. hervorgehoben: Da es unmöglich, d. h. nach unserer ganzen Erfahrung höchst unwahrscheinlich ist, daß ein Naturvorgang sich einmal rückwärts abspielen könnte, ist ein Abnehmen der Entropie der Natur ausgeschlossen.

II. Teil.

Geschichtliches. Ableitung der Entropiegröße. — Die Rolle der Entropie bei den idealen Prozessen. — Die Entropie eines einzelnen Körpers von bestimmtem Zustand. — Erläuterungen zum Carnotprozeß. (Mechanisches Gleichnis der Entropie, vollkommenes Thermoelement, zeichnerische Darstellung des Carnotprozesses.)

Wir haben uns bereits im allgemeinen mit dem Begriff der Entropie und der Rolle, die sie bei den Vorgängen in unserer Natur spielt, vertraut gemacht. Die Entropie eines Naturzustandes ist danach eine ähnliche, rein begriffliche Größe wie die Zeitgröße des Zustandes und steht auch zu den Naturvorgängen in einem ähnlichen Verhältnis wie die Zeit.

Nun bestehen aber noch andere, sehr wichtige und enge Beziehungen zwischen der Natur und der Entropie. Wir wollen uns zu ihrer Ableitung der Darstellung bedienen, die R. Clausius uns gegeben hat. Dieser deutsche Forscher war der erste, der in der Mitte des vorigen Jahrhunderts den Entropiebegriff in seiner ganzen Bedeutung erfaßte und festlegte.

Es war eine ganz spezielle, für den Ingenieur besonders wichtige Anwendung, mit Hilfe deren Clausius zu seiner später die Naturwissenschaften umfassenden Funktion gelangte: Die Thermodynamik der Dampfmaschine gab den Anlaß zu Clausius' grundlegenden Erörterungen über die Entropie.

Auf die Tatsache mag besonders hingewiesen werden, daß die aus den technisch-kultuellen Bedürfnissen der Menschheit hervorgegangene Wärmekraft- und Wärmearbeitsmaschine für beide Hauptsätze — für das Energie- und das Entropieprinzip — teils Ausgangspunkt der Untersuchungen, teils Beweismittel der Resultate geworden sind. Die physikalischen Vorgänge in den genannten Maschinengattungen gaben den Anstoß dazu, die Wärmelehre energetisch aufzufassen und so hier die Klarheit zu schaffen, die z. B. viel früher auf dem Gebiet der Elektrizitätslehre herrschte.

Bereits vor Clausius machte der französische Ingenieur Sadi Carnot einen ersten Anlauf, die Thermodynamik der Dampfmaschine zu geben. Er erkannte wohl, daß in dem nach ihm benannten idealen, umkehrbaren Arbeitsprozeß, der sich bekanntlich zwischen zwei Isothermen und zwei Adiabaten[1]) abspielt, die Wärmemenge Q_1, bei der höheren Temperatur T_1 zugeführt, von dieser höheren auf die niedere Temperatur T_2 „fallen" muß, damit Arbeit „erzeugt" würde (la chutte du calorique), und zwar setzte er die erzeugte Arbeit proportional der konstant bleibenden, „fallenden" Wärmemenge Q_1 (Vorstellung der Wärme als „Stoff" von konstanter Menge) und der Temperaturfallhöhe $T_1 - T_2$. Den Begriff: Erzeugung der Arbeit „aus" Wärme hatte er noch nicht erkannt. — Clausius unterschied klar:

1. Die Arbeit wird aus der Wärme erzeugt; d. h. für das, was an Arbeitsenergie geschaffen wird, verschwindet eine äquivalente (proportionale) Menge Wärmeenergie. (Erster Hauptsatz.)
2. Die Erzeugung der Arbeit aus Wärme im Carnotprozeß erfolgt allerdings, wie schon Carnot sagte, da-

---

[1]) Wir müssen hier die Grundbegriffe der technischen Wärmelehre als bekannt voraussetzen.

durch, daß gleichzeitig Wärme von der Temperatur T_1 auf die niedere T_2 „sinkt". Aber es bleibt dabei nicht der Wärmestoff konstant, sondern der Wert $\frac{Q_1}{T_1}$, wenn Q_1 die bei der oberen Temperatur zugeführte Wärmemenge ist. (Zweiter Hauptsatz.)

Proportional der Größe $\frac{Q_1}{T_1}$ und dem Temperaturgefälle ist die erzeugte Arbeit $= L$:

$$A \cdot L = \frac{Q_1}{T_1} \cdot (T_1 - T_2).$$

(A = Proportionalitätsfaktor = mech. Wärmeäquivalent.)

Den Beweis führte Clausius mit Hilfe eines neuen, auf der Erfahrung beruhenden Grundsatzes, der lautet: „Die Wärme kann nicht „von selbst" (ohne anderweite Kompensationen) aus einem kälteren in einen wärmeren Körper übergehen."

Dieser Satz lehnt sich direkt an den Vorgang in der Kältemaschine an, bei dem allein durch Arbeitsleistung (= „anderweite Kompensationen") bewirkt wird, daß die Wärme vom kälteren Körper (dem Verdampfer) in den wärmeren (den Kondensator) übergeht.

Ein anderer Ausdruck für den genannten Erfahrungssatz ist der folgende: Das „Perpetuum mobile zweiter Art" ist unmöglich (Ostwald). Dabei ist unter einem Perpetuum mobile zweiter Art eine Maschine zu verstehen, die periodisch dauernd Arbeit aus Wärme erzeugt, welche sich auf dem Temperaturniveau der Umgebung, insbesondere des Kühlmittels befindet (Gegensatz zum „Perpetuum mobile erster Art", das Arbeit aus „Nichts" erzeugt). (Vergl. auch die Formulierung von Planck, Thermodynamik, S. 84: „Es ist unmöglich, eine periodisch funktionierende Maschine zu konstruieren, die weiter nichts bewirkt, als Hebung einer Last und Abkühlung eines Wärmereservoirs.")

Clausius beweist mit dem obigen Grundsatz zunächst, daß für den idealen Carnotschen Kreisprozeß der Arbeitsgewinn aus der Wärme unabhängig von dem „vermittelnden" Körper, z. B. dem Wasserdampf bei der Dampfmaschine ist, mithin nur abhängen kann von den allein übrigen Veränderlichen des Anfangs- und Endzustandes: Q_1 und T_1, Q_2 und T_2. Dabei besteht zwischen Q_1 und Q_2 nach dem ersten Hauptsatz schon die eine Beziehung: $Q_1 - Q_2 = A \cdot L$.

Daraus ergibt sich, daß das Verhältnis $\frac{Q_1}{Q_2}$ eine Funktion von T_1 und T_2 allein sein muß: $\frac{Q_1}{Q_2} = \Phi(T_1, T_2)$. Diese allgemein gültige Funktion ermittelt Clausius dann mit Hilfe der experimentell besonders genau untersuchten Spezialkörper, der Gase zu: $\frac{Q_1}{Q_2} = \frac{T_1}{T_2}$; folglich: $\frac{Q_1}{T_1} - \frac{Q_2}{T_2} = 0$; allgemein: $\Sigma\left(\frac{\Delta Q}{T}\right) = 0$ bezw. $\int\frac{dQ}{T} = 0$.

Den Ausdruck $\frac{dQ}{T} = dS$ nennt Clausius nun das Differential der Entropie[1]) (Poggendorfs Ann. Bd. 125, S. 390).

Die vorstehenden Formeln gelten zunächst nur für den „vermittelnden Körper" im geschlossenen idealen Carnotprozeß. Es läßt sich nun einmal (durch Zerlegung des Prozesses in unendlich schmale Carnotprozesse) beweisen, daß die Formeln, bezogen auf den vermittelnden Körper, auch für jeden beliebigen idealen und geschlossenen Prozeß gelten, und ferner, daß sie — bezogen auf alle bei dem Prozeß in Wirkung tretenden Körper, z. B. den „vermittelnden" und den „wärmeabgebenden" bezw. „-aufnehmenden" beim Dampfmaschinenprozeß — nicht nur für die geschlossenen idealen Prozesse, sondern für jeden beliebigen Teil eines solchen Prozesses gelten. Diese letzte Verallgemeinerung ist ohne weiteres einzusehen. Denn nehmen wir einmal an, von dem wärmeabgebenden Körper mit der Temperatur T gehe die Wärmemenge ΔQ auf den vermittelnden Körper von der gleichen Temperatur über; dann erfährt der vermittelnde Körper eine Entropievermehrung um $\frac{\Delta Q}{T}$, der wärmeabgebende gleichzeitig eine gleichgroße Entropieverminderung. Somit ist die Gesamtentropie der beiden Körper während dieses idealen Teilprozesses konstant geblieben, d. h. es gilt auch hier $\Sigma\left(\frac{\Delta Q}{T}\right) = 0$. (Wenn wir alle bei dem Vorgang in Wirkung tretenden Körper in unsere Betrachtungen einbeziehen, so ist es dasselbe, als hätten wir es mit einem (hinsichtlich des Vorganges) in sich abgeschlossenen Körpersystem zu tun.)

Es ergibt sich das Resultat: Bei allen idealen umkehrbaren Vorgängen innerhalb eines in sich abgeschlossenen

---

[1]) Das Wort „Entropie" ist aus der griechichen Sprache entlehnt und hat die Bedeutung von „Verwandlung", „Verwandlungsgröße".

Körpersystems ist die algebraische Summe der Änderungen der Gesamtentropie des Systems in jedem Augenblick $= 0$; sie stellt sich dar durch die Formel: $\Sigma \left(\frac{\Delta Q}{T}\right)$. War die Gesamtentropie des Systems vorher S_1, dann gilt in jedem Augenblick $S_1 = \text{konst.}$

Wir wollen uns kurz vergegenwärtigen, daß ein „idealer Naturvorgang" z. B. durch die unendlich langsame Zustandsänderung eines vollkommenen Gases dargestellt wird. Diese Zustandsänderung mag sich etwa längs einer Kurve konstanter Temperatur, konstanten Druckes usw. abspielen. Ferner ist der unendlich langsam erfolgende Wärmeübergang von einem Körper zu einem anderen mit unendlich wenig niederer Temperatur ein idealer Vorgang usw. Wir nennen einen solchen idealen Vorgang „umkehrbar", weil er sich sowohl in der einen als in der anderen Richtung abspielen kann. Das Kennzeichnende bei allen idealen Vorgängen ist, daß sie stets unendlich langsam vor sich gehen, mithin für unsere zeitlich endlichen Beobachtungen stille stehen, d. h. daß sie praktisch überhaupt nicht vor sich gehen.

Wenn wir also jetzt finden, daß die Entropie bei idealen, umkehrbaren Prozessen konstant bleibt, so entspricht dies unserer früheren Feststellung, daß sich kein Vorgang abspielen kann, wenn die Entropie konstant bleibt. —

Betrachten wir bei unseren obigen Prozessen nur einen Teil der beteiligten Körper, z. B. beim Dampfmaschinenprozeß speziell den vermittelnden, so wird dessen Teil-Entropie natürlich bald zu-, bald abnehmen, entsprechend den verschiedenen Zuständen, die er durchläuft. Dem Zustand 1 entspreche die Entropie S_1; dann ist die Entropie des Zustandes 2 zu schreiben $S_2 = S_1 + \int_1^2 \frac{dQ}{T}$. Es läßt sich nun mit unserem obigen Satz $\int_2 \frac{dQ}{T} = 0$ indirekt beweisen, daß der Wert $S_2 = S_1 + \int_1^2 \frac{dQ}{T}$ für dieselben Zustände 1 und 2 stets derselbe ist, unabhängig von dem Weg, auf dem der Körper von 1 nach 2 übergeführt wurde. Wäre dies nämlich nicht der Fall, dann könnte man den Körper in einem idealen Prozeß vermittels geeigneter Hilfskörper von 1 nach 2 und dann in einem anderen idealen Prozeß mit anderen Hilfskörpern von 2 nach 1 zurückführen, wobei dann die Gesamtentropie aller beteiligten Körper sich geändert hätte. Dies wäre aber im Widerspruch mit unserem Satz $\int \frac{dQ}{T} = 0$. Wir erhalten somit das Resultat, daß jeder für sich betrachtete, größere oder kleinere Teile eines Körpersystems eine vom durchlaufenen Weg unabhängige, seinem momentanen Zustand entsprechende Entropie besitzt, die sich darstellt durch die Formel

$$S_2 = S_1 + \int_1^2 \frac{dQ}{T};$$ S_1 mag dabei als Integrationskonstante angesehen werden. Allgemein gilt:

$$S = \int \frac{dQ}{T}.$$

Für ein in sich abgeschlossenes Körpersystem mit idealen Vorgängen besitzen wir also die Gleichung:

$$\int \frac{dQ}{T} = 0, \quad \left(\Sigma\left(\frac{\Delta Q}{T}\right) = 0\right)$$

und für einen einzelnen Teil des Körpersystems die Gleichung:

$$S = \int \frac{dQ}{T}.$$

Zur Ableitung dieser Resultate haben wir uns der idealen Prozesse bedient, während wir die realen Naturvorgänge streng ausschalteten. Dies war notwendig, da die idealen Prozesse uns die Gleichung der Entropie geben, während die realen Prozesse uns, wie wir noch näher sehen werden, nur eine Ungleichung der Entropie zu geben vermögen. Nachdem wir mit Hilfe der idealen Prozesse die Entropiegleichung ermittelt haben, können wir nunmehr auch das Verhalten der Entropiegröße bei den realen Prozessen verfolgen. — Vorher wollen wir uns noch einmal mit der für den Ingenieur besonders wichtigen Anwendung des zweiten Hauptsatzes auf den idealen Carnotprozeß beschäftigen und sie vermittels einer mechanischen Hilfsvorstellung uns veranschaulichen.

Wir fanden oben, daß die im Carnotprozeß gewonnene Arbeit L proportional ist dem Produkt aus der im Prozeß konstant bleibenden

Entropie $\frac{Q_1}{T_1}$ und der Differenz zwischen oberer und unterer Temperaturgrenze $T_1 - T_2$:

$$A \cdot L = \frac{Q_1}{T_1} \cdot (T_1 - T_2).$$

Die hier vorgenommene Zerlegung der Energie in zwei Faktoren findet sich auch in den übrigen Zweigen der Physik: Die **elektrische Energie** zerlegt sich in elektrische Menge und elektromotorische Kraft (Potential), die **potentielle Energie** in Gewicht und Höhe, die **kinetische Energie** in Bewegungsgröße und (halbe) Geschwindigkeit usw.

Das Beispiel der Zerlegung der potentiellen Energie hat nun eine große, äußere Ähnlichkeit mit der vorstehenden Formel für den Carnotprozeß. Wir wollen uns dieses an dem Beispiel einer Wasserkraftmaschine klar machen. Die Wassermenge G kg sinke von der Höhe h_1 auf die Höhe h_2 und gebe dabei die entsprechende Verminderung der potentiellen Energie an eine Wasserturbine ab. Die Turbine leistet dann die Arbeit: $L = G \cdot (h_1 - h_2)$. Vergleichen wir diese Formel mit der obigen des Carnotprozesses, so entspricht das Wassergewicht G der Entropie $\frac{Q_1}{T_1}$, der Höhenunterschied $h_1 - h_2$ dem Temperaturunterschied $T_1 - T_2$. Unter Zugrundelegung dieser Analogien hat Zeuner (Techn. Thermodynamik, I., 1905, S. 55) für den Wert $\frac{Q_1}{T_1}$ die Bezeichnung des „Wärmegewichts" eingeführt. Danach fällt das „Wärmegewicht" von dem Temperaturniveau T_1 auf T_2 und bleibt dabei selbst konstant. Dadurch wird die Arbeit geleistet: Wärmegewicht $\times$ Temperaturgefälle. Für die Kältemaschinen (Wärmearbeitsmaschinen) entspricht diesem ein Heben des Wärmegewichtes vom niederen auf das höhere Temperaturniveau. Das mechanische Analogon dazu ist etwa eine Wasserpumpe.

Unwesentlich ist bei diesen Betrachtungen natürlich, ob das Wärmegewicht auf einen „Prozeß" oder auf eine gewisse Zeit bezogen wird, entsprechend dem für die Zeiteinheit zufließenden Wassergewicht. Denken wir uns etwa an Stelle der periodisch wirkenden Kolbendampfmaschine eine Dampfturbine gesetzt, dann haben wir bei dieser Maschine einen konstanten Zufluß von Wärme Q_1 pro Zeiteinheit und dementsprechend einen „Entropiefluß" $\frac{Q_1}{T_1}$ pro Zeiteinheit.

Mit demselben Recht, mit dem wir aus der Mechanik die Analogie von Gewicht und Fallhöhe zur Veranschaulichung von Entropie und Temperatur heranziehen, können wir aus der Elektrizitätslehre die Analogie von elektrischer Menge und elektromotorischer Kraft verwenden. Dann könnte man vielleicht dem Wert $\frac{Q_1}{T_1}$ für die umkehrbaren Prozesse den Namen „thermische Menge" (entsprechend „elektrischer Menge") geben. (Die entsprechenden Beziehungen zwischen Dampfkessel-Kondensator [Wärmekraftmaschine] einerseits und sich entladendem, umkehrbarem Element [Akkumulatorenbatterie] und Elektromotor andererseits, bezw. Verdampfer-Kühler [Wärmearbeitsmaschine] einerseits und aufzuladender Akkumulatorenbatterie und Dynamomaschine andererseits liegen so offen, daß auf sie nicht näher eingegangen zu werden braucht.)

Hier möge kurz noch eine andere, nach dem Carnotprinzip arbeitende Maschine erwähnt werden, in der gleichfalls durch das „Sinken" der Wärme von höherer auf niederere Temperatur Arbeit geleistet wird, und zwar nicht mit Hilfe der Volumenergie der Gase und Dämpfe, sondern durch direkte Erzeugung von elektrischer Energie. Wir meinen das ideale, umkehrbare Thermoelement, das etwa einen idealen Elektromotor treibt.

Das Thermoelement ist geschichtlich besonders deshalb interessant, weil es seinerzeit von Tait irrtümlich gegen die Richtigkeit des Entropieprinzips, insbesondere des Grundsatzes angeführt wurde, das Wärme nicht von selbst aus einem kälteren in einen wärmeren Körper übergehen kann.

Bei unseren Betrachtungen über das Thermoelement wollen wir wieder ideale, verlustlose Prozesse annehmen, die insbesondere nicht durch Erzeugung Joulescher Wärme in den elektrischen Leitern beeinflußt werden.

In den Leiterteilen des Thermoelementes fließen elektrische Ströme. Diese Ströme mögen vollständig zum Treiben eines Elektromotors mit einer sekundlichen Leistung von $A \cdot L$ Kal. verbraucht werden. Gleichzeitig verschwindet eine gewisse Wärmemenge Q_1 pro Sekunde an der heißen Lötstelle von der Temperatur T_1 und eine entsprechende Wärmemenge Q_2 tritt an der kälteren Lötstelle von der Temperatur T_2 auf (Peltier-Effekt). Wir vertrauen so sehr dem ersten und dem zweiten Hauptsatz, daß wir ohne weiteres für das ideale, umkehrbare Thermoelement die Beziehung aufstellen:

$$A \cdot L = Q_1 - Q_2; \quad \frac{Q_1}{T_1} = \frac{Q_2}{T_2}; \quad A \cdot L = \frac{Q_1}{T_1} \cdot (T_1 - T_2);$$

$\frac{Q_1}{T_1}$ ist dann der Entropiefluß pro Sekunde.

Wie oben, können wir uns auch hier den Vorgang mit den genannten elektrischen und mechanischen Analogien veranschaulichen. — Ausdrücklich sei hervorgehoben, daß unsere mechanischen und elektrischen Analogien für die Entropie nur für den speziellen Fall der idealen, umkehrbaren Prozesse Geltung haben. Für alle anderen, wesentlich zahlreicheren und mannigfaltigeren Prozesse, die natürlichen, nicht umkehrbaren sind diese Begriffe nicht anwendbar. (Zeuner versucht a. a. O. die Analogie des Wärmegewichts auch auf nicht umkehrbare Prozesse auszudehnen, indem er sich einen Teil der potentiellen Energie als kinetische durch Stoß und Reibung in „wertlose" Wärmeenergie verwandelt denkt. Dabei gerät er aber notwendigerweise aus seinem mechanischen Bild in das Gebiet hinein, das er eben durch sein mechanisches Bild erläutern will. Zeuner schränkt auch sogleich selbst sein Verfahren ein unter Hinweis auf Helm, Energetik. Vergl. auch Mach, Wiener Sitzungsberichte 1892, S. 1589, und Prinzipien der Wärmelehre. Mach beschränkt die Analogie gleichfalls auf die umkehrbaren Prozesse. Weitere, mißverständliche Analogien über die Entropie realer Prozesse finden sich auch in E. v. Hartmanns Buch „Weltanschauung der modernen Physik".)

Die Entropie hat eben eine wesentlich umfassendere Bedeutung als die angeführten, erläuternden Begriffe aus der Mechanik und Elektrotechnik. Dies wird sogleich klar an dem später eingehend zu betrachtenden, nicht umkehrbaren Prozesse der Wärmeausbreitung, bei dem Q_1 konstant bleibt und T_1 notwendig kleiner wird, mithin der Wert $\frac{Q_1}{T_1}$ nur größer und $(T_1 - T_2)$ nur kleiner werden kann. Als unrichtige elektrische Analogie dazu wäre der verlustlose Transformator anzusehen (elektrische Energie konstant, elektrische Menge und elektromotorische Kraft je entweder größer oder kleiner).

Hier haben wir in dem „nur" und dem „entweder — oder" den wesentlichen Unterschied zwischen Entropie und thermischer Menge; letztere hat ebenso wie die elektrische Menge nur Bedeutung für den umkehrbaren Prozeß, die Entropie dagegen für beide, den umkehrbaren und den nichtumkehrbaren Prozeß.

Schließlich sei kurz die zeichnerische Darstellung des Carnotprozesses angeführt, die dem Ingenieur besonders vertraut ist (Fig. 1).

In dem Diagramm sind die Entropiewerte als Abszissen und die absoluten Temperaturen als Ordinaten aufgetragen.

Die Fläche $abcd$ stellt den Carnotschen Kreisprozeß dar. Auf der Isothermen $a\text{-}b$ wird dem vermittelnden Körper die Wärmemenge Q_1 gleich der Fläche $abef$ zugeführt; dabei wächst seine Entropie um $S_1 = \frac{Q_1}{T_1}$. Auf der Adiabaten $b\text{-}c$ expandiert der vermittelnde Körper und kühlt sich auf die Temperatur T_2 ab. Auf der Isothermen cd wird die Wärmemenge Q_2 gleich der Fläche $dcef$ entzogen, die Entropie des vermittelnden Körpers vermindert sich dabei um $S_2 = -\frac{Q_2}{T_2}$. Schließlich auf der Adiabate $d\text{-}a$ wird der vermittelnde Körper komprimiert und erwärmt sich dabei auf die Anfangstemperatur T_1.

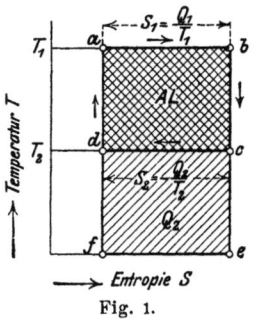

Fig. 1.

Aus der Zeichnung entnehmen wir sogleich unsere früheren Resultate:

$$S_1 + S_2 = 0, \text{ denn } \frac{Q_1}{T_1} + \left(-\frac{Q_2}{T_2}\right) = 0;$$

$$A \cdot L = Q_1 - Q_2 = \frac{Q_1}{T_1} \cdot (T_1 - T_2).$$

III. Teil.

Das Verhalten der Entropie bei realen Naturvorgängen rein thermodynamischer Energiearten. (Wärmeausbreitung durch Leitung, Drosselung eines Gases, Mischung (Diffusion) zweier Gase.)

Wir verlassen jetzt die idealen Prozesse und wenden uns zur Untersuchung der Rolle, die die Entropie bei den mannigfaltigen realen Naturvorgängen spielt.

Wir wollen hierzu verschiedene, in sich abgeschlossene Körpersysteme, in denen physikalisch meßbare Vorgänge sich abspielen, betrachten und ihre Entropie für die Zustände vor und nach einem solchen Vorgang berechnen. Dann werden wir durch Vergleich feststellen, ob die Entropie des Systems zu- oder abgenommen hat oder etwa konstant geblieben ist. Wir behandeln zunächst die rein thermodynamischen Naturvorgänge, d. h. solche Vorgänge, bei denen nur die Energiearten in Erscheinung treten, die speziell die Thermodynamik behandelt, d. s. die Wärme selbst und die Volumenergie. Für diese Vorgänge kommen wir mit unserer Entropieformel ohne weiteres aus, während wir für die im IV. Teil zu behandelnden Naturvorgänge beliebiger Energiearten eine Erweiterung der Entropieformel vornehmen müssen.

Als erstes Beispiel wählen wir den besonders häufigen Naturvorgang der **Wärmeausbreitung durch Leitung** zwischen festen oder flüssigen Körpern.

Es möge demnach 1 kg Wasser von t_a° C. und ein gleiches von t_b° C. nach außen und gegeneinander wärmeisoliert abgeschlossen sein. Es sei dies der Zustand „1". Dann beseitigen wir die Isolation zwischen den beiden Wassermengen, so daß ihre Wärmemengen sich auf die mittlere Temperatur $t_m = \dfrac{t_a + t_b}{2}$° C. ausgleichen. Dem entspreche der Zustand „2". Dieser Temperaturausgleich stellt einen „natürlichen" Vorgang dar. Wir wollen die Gesamtentropie der 2 kg Wasser vor und nach dem natürlichen Vorgang berechnen.

Nach früherem gilt: $S = \int \dfrac{dQ}{T}$. Wenn c die unveränderliche spezifische Wärme des Wassers (in seinem flüssigen Aggregatzustand) ist, dann gilt: $dQ = c \cdot dT$; daher:

$$S = c \cdot \int_{T_0}^{T_x} \frac{dT}{T} = S_0 + c \cdot \log \frac{T_x}{T_0}.$$

Die Integrationskonstante S_0 legen wir dadurch fest, daß wir einem Kilogramm Wasser von 0° C. ($T_0 = 273$) den Entropiewert $S_0 = 0$ zulegen. Der Temperatur von t_a° C. entspreche die absolute Temperatur T_a, t_b° C. $= T_b$; t_m° C. $= T_m$. Dann gilt sogleich:

$$S_a = c \cdot \log \frac{T_a}{T_0}; \quad S_b = c \cdot \log \frac{T_b}{T_0}.$$

Mithin ist die Gesamtentropie der 2 kg Wasser vor dem natürlichen Vorgang des Wärmeausgleichs:

$$S_1 = S_a + S_b = c \cdot \log \frac{T_a \cdot T_b}{T_0^2}.$$

Nach dem Vorgang gilt: $S_m = c \cdot \log \dfrac{T_m}{T_0}$ für 1 kg Wasser von der absoluten Temperatur T_m. Daher ist die Entropie der 2 kg Wasser nach dem Vorgang:

$$S_2 = 2 S_m = c \cdot \log \frac{T_m^2}{T_0^2}.$$

Die Entropieänderung infolge des natürlichen Vorganges ist daher

$$\varDelta S = S_2 - S_1 = c \cdot \log \left[\frac{T_m^2}{T_0^2} \cdot \frac{T_0^2}{T_a \cdot T_b} \right] = c \cdot \log \frac{T_m^2}{T_a \cdot T_b}.$$

Der Quotient $\dfrac{T_m^2}{T_a \cdot T_b}$ ist nun dauernd größer als 1, da T_m^2 und $T_a \cdot T_b$ Quadrat- bezw. Rechteckflächen von gleichem Umfang darstellen $\left(\dfrac{T_a + T_b}{2} = T_m\right)$ und für diesen Fall die quadratische Fläche stets den Maximalinhalt besitzt. Infolgedessen ist der Logarithmus stets positiv, mithin auch $\varDelta S$, d. h. es gilt:

$$S_2 > S_1.$$

Wir haben somit nachgewiesen, daß die Entropie bei dem Vorgang der Wärmeleitung zunimmt. Ist die Wärmeleitung beendet, was eintritt, wenn $T_a = T_b = T_m$ ist, dann ist $\varDelta S = 0$, d. h. die Entropie bleibt konstant.

Unsere vorstehenden Formeln der Entropiewerte lassen sich nun allein für Körper anwenden, deren „Zustandsgleichung" sich schreiben läßt: $dQ = c \cdot dT$.

Für die gasförmigen Körper, deren Entropie wir jetzt an einfachen realen Vorgängen prüfen wollen, ist die Zustandsgleichung bekanntlich komplizierter. Zu ihrer Darstellung möge die Größe dQ unserer Entropieformel $S = \dfrac{dQ}{T}$ nach dem ersten Hauptsatz allgemein gleichgesetzt werden:

$$dQ = dU + p \cdot dV.$$

Der Proportionalitätsfaktor A ist dabei $= 1$ gesetzt. In dieser

Formel bedeutet bekanntlich dU die Änderung der gesamten Eigenenergie des Körpers, der kinetischen und der potentiellen, während $p \,.\, dV$ die nach außen abgegebene Arbeit darstellt.[1])

Hiermit wird das Differential der Entropie:

$$dS = \frac{dQ}{T} = \frac{dU + p \,.\, dV}{T}.$$

An diese Formel sei kurz eine interessante, mathematische Betrachtung angeknüpft. Wir wollen uns erinnern, daß nach früherem (S. 19) zu jedem Körperzustand stets derselbe Entropiewert gehört, einerlei auf welchem Wege der Körperzustand erreicht wurde, d. h. S ist eine Funktion von U, p, V, T allein. Mathematisch gesprochen, bedeutet dieses, daß in vorstehender Gleichung dS ein „totales Differential" ist. Das dQ der ersteren Gleichung ist kein totales Differential, da das Integral $\int_1^2 dQ$ ganz verschiedene Werte annehmen kann, je nachdem auf welchem Wege der Körperzustand von 1 nach 2 verändert wird; physikalisch gesprochen ist somit $\int_1^2 dQ$ nicht allein abhängig von U, p, V, sondern auch noch von dem Wege der Zustandsänderung. Durch Division der Gleichung $dQ = dU + p \,.\, dV$ mit der absoluten Temperatur T erhalten wir nun das totale Differential $dS = \frac{dU + p \,.\, dV}{T}$. Daher spielt $1/T$ hier die Rolle eines „integrierenden Faktors" (Zeuner, I, § 4 u. 5). —

Mit Hilfe der allgemeineren Entropiegleichung $dS = \frac{dU + p \,.\, dV}{T}$ wollen wir jetzt die Entropie der Gase berechnen und deren Verhalten an gewissen charakteristischen, natürlichen Vorgängen verfolgen. — Hierzu brauchen wir die „Zustandsgleichung" der Gase, die wir in der Form schreiben:

$$p = R \cdot \frac{T}{V};$$

ferner gilt die Beziehung:

$$dU = c_v \,.\, dT.$$

Setzen wir diese Werte in die Entropiegleichung ein, dann ergibt sich die Entropie einer bestimmten Gasmenge, z. B. eines Kilogramms, vom Zustand „1" zu:

---

[1]) Zeuner, Thermodynamik, I, § 3.

$$S_1 = \int_0^1 \frac{dQ}{T} = \int_0^1 \left(\frac{c_v \cdot dT}{T} + R \cdot \frac{dV}{V} \right) =$$

$$= c_v \cdot \log\left(\frac{T_1}{T_0}\right) + R \cdot \log\left(\frac{V_1}{V_0}\right) + S_0.$$

Die Integrationskonstante S_0 ist dabei durch Festsetzung eines beliebigen Nullzustandes, dem die Werte T_0 und V_0 entsprechen, festzulegen.

Mit Hilfe vorstehender Gleichung wollen wir zunächst den **natürlichen Vorgang der Drosselung eines Gases** verfolgen. Zu dem Zwecke möge die Gasmenge von 1 kg mit dem Zustand 1 vollständig nach außen isoliert in dem Raum vom Volumen V_1 eingeschlossen sein. Ein gleichfalls isolierter Hilfsraum möge mit dem Raum V_1 durch eine zunächst abgeschlossene Leitung in Verbindung stehen. Der Hilfsraum soll vollständig evakuiert sein. Öffnen wir die Leitung zwischen den beiden Räumen, so strömt das Gas aus Raum V_1 ohne äußere Arbeitsleistung in den Hilfsraum und erfüllt schließlich beide Räume gleichmäßig.

Das Gas möge nach diesem „Drosselvorgang" den Zustand 2 besitzen. Insbesondere mögen die beiden Räume zusammen das Volumen V_2 haben. Die Entropie S_2 des Zustandes berechnet sich gemäß obiger Formel zu:

$$S_2 = \int_0^2 \frac{dQ}{T} = c_v \cdot \log\left(\frac{T_2}{T_0}\right) + R \cdot \log\left(\frac{V_2}{V_0}\right) + S_0.$$

Nun ist zu beachten, daß der zugrunde gelegte, natürliche Drosselvorgang notwendig in der Weise verläuft, daß die Gastemperatur T_1 konstannt bleibt, daß also gilt:

$$T_2 = T_1.$$

Hiernach berechnet sich die Änderung der Entropie:

$$\Delta S = S_2 - S_1 = c_v \cdot \log\left(\frac{T_1}{T_0}\right) - c_v \cdot \log\left(\frac{T_1}{T_0}\right) +$$
$$+ R \cdot \log\left(\frac{V_2}{V_0}\right) - R \cdot \log\left(\frac{V_1}{V_0}\right) + S_0 - S_0 = R \cdot \log\left(\frac{V_2}{V_1}\right).$$

Dieser Wert ist aber stets positiv, da immer gilt:

$$V_1 < V_2.$$

— 28 —

Somit haben wir auch bei dem Drosselvorgang eine Entropievermehrung zu verzeichnen.

Als weiteres Beispiel eines natürlichen Vorgangs sei die Mischung oder Diffussion zweier Gase besprochen. Es ist ohne weiteres zu erkennen, daß der Vorgang der Mischung zweier Teile desselben Gases von gleicher Temperatur und gleichem Druck, der etwa dadurch eingeleitet werden mag, daß eine Trennungswand zwischen den beiden Räumen, in denen sich das Gas befindet, weggenommen wird, **keine** Entropieveränderung bedeutet, da ja vor und nach der Beseitignng der Trennungswand alle Zustandsgrößen, insbesondere das spezifische Volumen V konstant geblieben sind. (Daß trotzdem etwas „vor sich gegangen" ist, nämlich die Durchdringung der beiden gleichartigen Gasmengen, widerspricht nicht unserer früheren Vorstellung von den natürlichen Vorgängen in der Natur. Denn sonst müßte ein vollständig nach außen abgeschlossenes Gas von unveränderlichem Zustand, in dem ja fortwährend etwas „vor sich geht", nämlich das Hin- und Herfliegen der Moleküle, eine dauernde, meßbare Zustands- und somit auch Entropieveränderung erfahren, während das eben erfahrungsgemäß nicht der Fall ist.)

Lassen wir dagegen zwei verschiedene Gase — a und b bezeichnet —, bei denen die „Verschiedenheit" noch so unbedeutend sein mag, von im übrigen gleichem Druck p und gleicher Temperatur T auf die beschriebene Weise ineinander diffundieren, dann ändert sich die Entropie dieses Systems. Nach dem Daltonschen Gesetz der Mischung von Gasen ist nämlich nach der Mischung das Volumen jedes einzelnen Gases zu setzen $= V_a + V_b$, wenn V_a und V_b die Gasvolumina vor der Mischung waren. Druck und Temperatur bleiben unverändert. Der Einfachheit halber nehmen wir an, beide Gasmengen seien gleichgroß, z. B. je $= 1$ kg. Dann ist die Gesamtentropie der beiden Gase vor der Mischung entsprechend dem Zustande „1":

$$S_1 = S_{a_1} + S_{b_1} = c_{v\,a} \cdot \log\left(\frac{T}{T_0}\right) + R_a \cdot \log\left(\frac{V_{a_0}}{V_{a_1}}\right) + S_{a_0} +$$
$$+ c_{v\,b} \cdot \log\left(\frac{T}{T_0}\right) + R_b \cdot \log\left(\frac{V_{b_1}}{V_{b_0}}\right) + S_{b_0}.$$

Nach der Mischung bestehe der Zustand „2"; dann gilt nach obigem: $V_{a_2} = V_{b_2} = V_{a_1} + V_{b_1}$. Daher berechnet sich die Entropie dieses Zustandes:

$$S_2 = S_{a_2} + S_{b_2} = c_{v\,a} \cdot \log\left(\frac{T}{T_0}\right) + R_a \log \frac{V_{a_1} + V_{b_1}}{V_{a_0}} + S_{a_0} +$$
$$+ c_{v\,b} \cdot \log\left(\frac{T}{T_0}\right) + R_b \cdot \log \frac{V_{a_1} + V_{b_1}}{V_{b_0}} + S_{b_0}.$$

Mithin ist die Entropieänderung:

$$\Delta S = S_2 - S_1 = R_a \cdot \log \frac{V_{a_1} + V_{b_1}}{V_{a_1}} + R_b \cdot \log \frac{V_{a_1} + V_{b_1}}{V_{b_1}}.$$

Wiederum haben wir es hier mit einer **Entropievergrößerung** zu tun, da die Brüche in den Logarithmen stets größer als 1 sind.

In den vorstehenden Gleichungen ist ein Satz über die Entropie der Gase enthalten, der zuerst von Gibbs[1]) aufgestellt wurde; seiner großen Einfachheit wegen sei er hier angeführt:

„**Die Entropie einer Gasmischung ist gleich der Summe der Entropien der Einzelgase, wenn ein jedes bei der nämlichen Temperatur das ganze Volumen der Mischung allein einnimmt.**"

IV. Teil.

Das Verhalten der Entropie bei realen Naturvorgängen beliebiger Energiearten. (Fallen eines Gewichtes.)

Es ließen sich noch verschiedene andere reale Vorgänge aus dem Gebiet der reinen Thermodynamik anführen, bei denen wir in ähnlicher Weise wie vorher die Entropievergrößerung rechnerisch nachweisen könnten. Insbesondere hat das Gebiet der Wärmestrahlung derartige Fälle aufzuweisen.[2]) Wir müssen uns jedoch hier auf die genannten Beispiele beschränken.

Dafür wollen wir das Verhalten der Entropie bei Prozessen verfolgen, die nicht in das Gebiet der reinen Thermodynamik fallen. Derartige Prozesse erwähnten wir bereits im ersten Teil

---

[1]) I. Williard Gibbs, On the equilibrium of hetero-geneous substances. Deutsch von W. Ostwald, Thermodynamische Studien. Leipzig 1892.

[2]) Vergl. hierzu: Max Plank, Wärmestrahlung, § 69. Leipzig 1906.

dieser Arbeit, z. B. das Herabfallen eines Steines, den Ausgleich der Niveaus kommunizierender Röhren, die chemischen Reaktionen. Ferner sind hier alle realen elektrischen Vorgänge zu nennen.

Die genannten Vorgänge unterscheiden sich von den „rein thermodynamischen" dadurch, daß bei ihnen noch andere Energieformen auftreten, als die speziell von der Thermodynamik berücksichtigten Wärme- und Volumenergien. Z. B. treten bei dem fallenden Stein und den sich ausgleichenden Flüssigkeitsspiegeln die potentielle Energie der Erdanziehung, bei den elektrischen Vorgängen die elektrische Energie, bei den chemischen Vorgängen die chemisch-potentiellen Energien der Molekülanziehung und -abstoßung in die Erscheinung.

Zur Berücksichtigung dieser mannigfachen Energieformen müssen wir in unserem obigen Ausdruck für den ersten Hauptsatz:

$$dQ = dU + p \cdot dV$$

die spezielle Form der Volumenergie $p \cdot dV$ ersetzen durch den allgemeinen, alle möglichen Energieformen — außer der Wärmeenergie natürlich — umfassenden Ausdruck dA. Das Vorzeichen von dA legen wir dadurch fest, daß wir jede von außen auf das betrachtete System aufgewendete Arbeit $+dA$ nennen. Damit ändert sich die Gleichung für den ersten Hauptsatz in:

$$dQ + dA = dU.$$

Nun müssen wir eine für den Ingenieur besonders verständliche Überlegung anstellen. Die aufgewendete Arbeit oder Energie dA ist in der Natur nie vollständig als „Arbeit" in das betreffende Körpersystem überzuführen, vielmehr wird nur ein Teil von dA als Arbeit in dem Körpersystem wiederzufinden sein, während der Rest sich in Wärmeenergie verwandelt hat; mit anderen Worten: jeder Prozeß der Aufwendung von Arbeit hat einen Wirkungsgrad, der stets kleiner als 1 ist. Wir zerlegen nun dA in $dA_1 + dA_2$, wobei dA_1 der Teil von dA ist, der in Wärmeenergie verwandelt wurde, während dA_2 als Arbeitsenergie in das Körpersystem übergegangen ist. Dann gilt für den Wirkungsgrad dieses Prozesses:

$$\eta = \frac{dA_2}{dA} < 1; \quad dA_2 = \eta \cdot dA; \quad dA_1 = (1-\eta) \cdot dA.$$

Die Gleichung für den ersten Hauptsatz lautet nunmehr:

$$dQ + dA_1 + dA_2 = dU;$$

dA_1 hat, ebenso wie dQ, die Bedeutung einer „zugeführten Wärme", so daß wir dA_1 ohne weiteres mit dQ zusammenfassen können zu $dQ' = dQ + dA_1$.

$dA_2 = \eta \cdot dA$ fassen wir mit dU zusammen, dann gilt:

$$dQ' = dU - \eta \cdot dA.$$

Wir teilen durch die absolute Temperatur T:

$$\frac{dQ'}{T} = \frac{dU - \eta \cdot dA}{T}.$$

Nach früherem ist nun $\frac{dQ'}{T} = dS$ die Entropiezunahme des Körpersystems während des Prozesses:

$$dS = \frac{dU - \eta \cdot dA}{T}.$$

(Andererseits gilt natürlich auch:

$$dS = \frac{dQ + dA_1}{T} = \frac{dQ + (1 - \eta) \cdot dA}{T}.)$$

Da nun der Wirkungsgrad η für die verschiedenen Prozesse allgemein nicht bekannt ist und wir nur wissen, daß $\eta < 1$ ist, so verzichten wir auf die Gleichung für dS und ersetzen sie durch die stets gültige Ungleichung:

$$dS > \frac{dU - dA}{T}.$$

(Wäre der Wirkungsgrad eines Arbeitsübertragungsprozesses einmal $= 1$, dann gälte im idealen Grenzfall:

$$dS = \frac{dU - dA}{T}.)$$

Dabei bedeutet also dU die Änderung der gesamten Eigenenergie des Körpersystems und dA die Gesamtheit der von außen in das Körpersystem übertragenen Energieformen, die chemischer, mechanischer, elektrischer Natur usw., aber nicht Wärmeenergien sein können.

Die Bedeutung der vorstehenden Ungleichung legt Plank[1]) folgendermaßen fest:

---

[1]) Thermodynamik, S. 107.

„In dieser Relation gipfeln alle bisher von verschiedenen Autoren auf verschiedenen Wegen aus dem zweiten Hauptsatz für den Eintritt thermodynamisch-chemischer — wir können hinzufügen: thermodynamisch-mechanischer und thermodynamisch-elektrischer (Verf.) — Veränderungen hergeleiteten Schlüsse."

In betreff der Anwendung unserer Formeln auf allgemeine thermodynamisch-chemische Prozesse sei hier wieder auf Plank, § 141 ff. verwiesen. Wir wollen nur kurz einen besonders charakteristischen thermodynamisch-mechanischen Prozeß betrachten (Fig. 2 und 3).

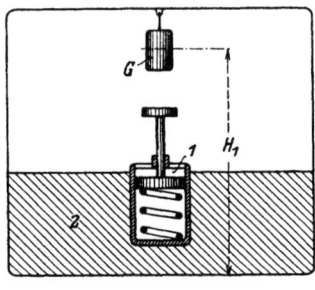
Fig. 2.

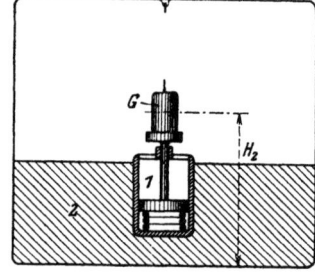
Fig. 3.

Das in Fig. 2 und 3 abgebildete Körpersystem sei nach außen hin wärmeisoliert abgeschlossen. Das System bestehe aus dem Zylinder und Kolben 1, dem Wärmespeicher 2, der 1 umschließt, sowie dem an der Decke des Raumes aufgehängten Gewicht G (vergl. Fig. 2). — Sämtliche Körper mögen die gemeinsame Temperatur T besitzen. Dem Systemzustand (Fig. 2) soll die Gesamtentropie S_1 zugehören.

Schneiden wir jetzt den Faden durch, an dem G aufgehängt ist, so fällt G unter dem Einfluß der von außen wirkenden Erdschwere auf den Kolben 1 herab und komprimiert das unter dem Kolben befindliche Gas oder spannt eine darunter befindliche Feder an. Der Kolben wird in dem Zylinder einigemal auf- und niederfedern und schließlich in der Stellung (Fig. 3) zur Ruhe kommen.

Wir nehmen der Einfachheit halber an, daß der Wärmespeicher 2 eine sehr große Wärmeaufnahmefähigkeit besitzt gegenüber der von G geleisteten Fallarbeit. Dann herrscht am Ende des Prozesses praktisch dieselbe Temperatur T wie vorher.

Da wir Wärmeisolation nach außen voraussetzten, gilt:
$$dQ = 0;$$
ferner ist die von G geleistete Fallarbeit in Wärmeeinheiten:
$$A = \int_1^2 dA = G \cdot \frac{(H_1 - H_2)}{M}.$$
(M = Mechanisches Wärmeäquivalent.)

Der Wirkungsgrad, mit welchem die Übertragung dieser Arbeit auf das Gas oder die Feder unter dem Kolben *1* erfolgte, sei η. Dann ist der Wert $\eta \cdot A$ tatsächlich als Spannungsenergie in das Gas bezw. die Feder übergegangen, während der Rest $(1-\eta) \cdot dA$ sich in Reibungs- und Stoßwärme verwandelt hat und im wesentlichen von dem Wärmespeicher *2* aufgenommen wurde.

Nach unseren früheren Formeln berechnet sich die Entropiezunahme des Systemzustandes (Fig. 3) gegenüber Fig. 2:
$$\varDelta S = S_1 - S_2 = \frac{(1-\eta) \cdot A}{T} = \frac{\varDelta U - \eta \cdot A}{T}.$$

Nehmen wir an, das Gewicht G fällt auf eine festliegende Unterlage von Blei, dann verwandelt sich die gesamte Fallarbeit A in Wärme, mit anderen Worten: η ist $= 0$. Dann gilt:
$$\varDelta S = \frac{A}{T} = \frac{\varDelta U}{T}.$$

Der Wert $\varDelta S$ ist, wie kaum noch hervorgehoben zu werden braucht, positiv. (Wie selbstverständlich ist, ergibt sich aus der vorstehenden Formel für Wärmeisolation $(dQ = 0) : dU = dA$; bezw. $\varDelta U = A$.)

Die gleiche Rolle wie bei dem vorstehenden Prozesse spielt die Entropie, wie oben erwähnt, auch bei dem Prozeß des Ausgleichs kommunizierender Wasserspiegel (mit oder ohne Einschaltung von Wasserkraft oder -Arbeitsmaschinen), ferner bei den realen thermodynamisch-elektrischen Prozessen.

Wir gehen jedoch hierauf nicht näher ein, sondern verlassen jetzt das große und mannigfache Gebiet der „Naturprozesse", für deren Erforschung der Satz von der Vermehrung der Entropie so sehr fruchtbringend geworden ist, und behandeln zum Schluß noch eine spezielle, für die technischen Wissenschaften besonders wichtige Anwendung des Entropiebegriffes.

V. Teil.

Zeichnerische Darstellung der Entropie wärmetechnisch wichtiger Stoffe. (Wasser, Kohlensäure, Ammoniak, schweflige Säure.) — Das Wärmediagramm eines Körpers für die drei Aggregatzustände.

Wir fanden oben (S. 19) das Resultat, „daß jeder Körper eine vom durchlaufenen Weg unabhängige, seinem momentanen Zustand entsprechende Entropie besitzt," die sich durch die Formel darstellt:

$$S_x = S_0 + \int_0^x \frac{dQ}{T}.$$

Mit Hilfe dieser Formel berechneten wir bereits die Entropie von Körpern mit einfacher Zustandsgleichung.

Wir wollen jetzt den entsprechenden Verlauf der Entropie für die Stoffe untersuchen, die für die Wärmemaschinentechnik wichtig sind. Diese Stoffe sind hauptsächlich das Wasser für die Wärmekraftmaschinen („Dampfmaschinen") und die Kohlensäure, das Ammoniak, die schweflige Säure für die Wärmearbeitsmaschinen („Kältemaschinen"). Da die Zustandsgleichungen dieser, bald in flüssigem, bald in dampf- und gasförmigem Zustand auftretenden Stoffe zum praktischen Gebrauch bei der Entropieermittlung zu kompliziert sind, hat man die Entropiewerte der Stoffe zeichnerisch in Entropie-Temperatur- und Entropie-Energie-Diagrammen zusammengestellt. Das erstere Diagramm, das wir bereits oben (S. 23) gebrauchten, wurde allgemein zuerst von Belpaire 1872 eingeführt; seine Anwendung auf den Wasserdampf und die Kohlensäure begegnete mir zuerst in den Vorlesungen von Prof. Dr. M. Schröter, München. Das Entropie-Energie-Diagramm wurde für Wasserdampf von Prof. Dr. R. Mollier, Dresden, in der Z. d. V. d. Ing. 1904, S. 271, veröffentlicht. 1906 wurde es in dem Sonderdruck „Neue Tabellen und Diagramme für Wasserdampf"[1]) von Dr. R. Mollier unter Berücksichtigung der jüngsten Forschungsarbeiten über Wasserdampf neu herausgegeben. Beide Diagramme — das ST- und

---

[1]) Verlag von Julius Springer in Berlin.

SI-Diagramm — haben eine besondere Wichtigkeit für die Berechnung der Dampfturbinen.

In Fig. 4 ist das Diagramm für die Gewichtseinheit $= 1$ kg Wasser schematisch dargestellt. Der Nullwert der Entropie ist dem flüssigen Zustand bei der Temperatur 0^0 C. $= 273^0$ absolut zugelegt. Die Flächen zwischen der S-Achse und den Entropiekurven stellen durch ihren Inhalt die Wärmemengen dar, die der Gewichtseinheit des Stoffes zuzuführen sind, um ihn vom Nullzustand auf den betreffenden Zustand zu bringen. Dieser Eigenschaft wegen heißt das Diagramm auch Wärmediagramm. Somit stellt die schraffierte Fläche in Fig. 4 die Wärmemenge dar, die nötig ist, um 1 kg Wasser von 0^0 C. auf $(T_1 - 273)^0$ C. zu erwärmen.

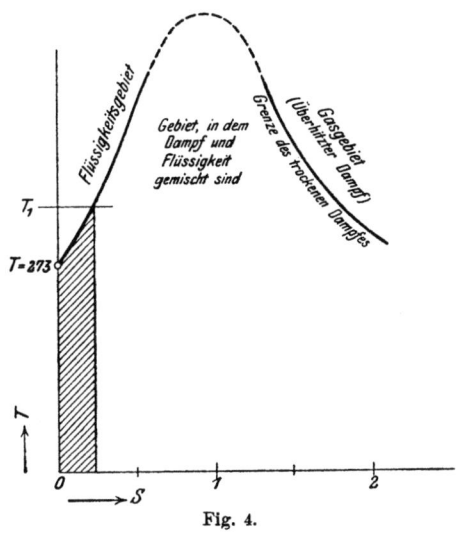

Fig. 4.

In Fig. 5 sind die Wärmediagramme für die oben genannten vier technisch wichtigen Stoffe, bezogen auf je 1 kg, zusammengestellt.[1])

Was besonders auffällt an den Kurven der Fig. 5, ist das große Überwiegen der Wärmeinhalte des Wassers über die entsprechenden Werte der drei anderen Stoffe.

Die Diagramme (Fig. 4 u. 5) umfassen das Gebiet des flüssigen und gasförmigen Zustandes der Stoffe. Der Vollständigkeit halber sei in Fig. 6 schematisch das Wärmediagramm eines Stoffes für alle drei Aggregatzustände, den festen, flüssigen und gasförmigen, angegeben. Die drei Aggregatzustände mögen der Reihe nach mit

---

[1]) Die Figur ist der Arbeit des Verfassers entnommen: „Über die Beurteilung von Dämpfen, die in Heiß-, Abwärme- und Kaltdampfmaschinen die Kreisprozesse vermitteln". Vergl. „Zeitschrift für die gesamte Kälte-Industrie", Jahrgang 1904/05.

den Zahlen 1, 2 und 3 bezeichnet werden. Entsprechend sind dann die Grenzkurven für den festen Aggregatzustand (1) durch $a\,1\,b$ dargestellt, für den flüssigen (2) durch $b\,2\,c$, für den gasförmigen (3) durch $c\,3\,d$. Die Gebiete der drei reinen Aggregatzustände liegen je in den Bezirken (1), (2), (3). In dem Gebiet (1 2) kann fester und flüssiger Zustand zusammen bestehen, in (2 3) flüssiger

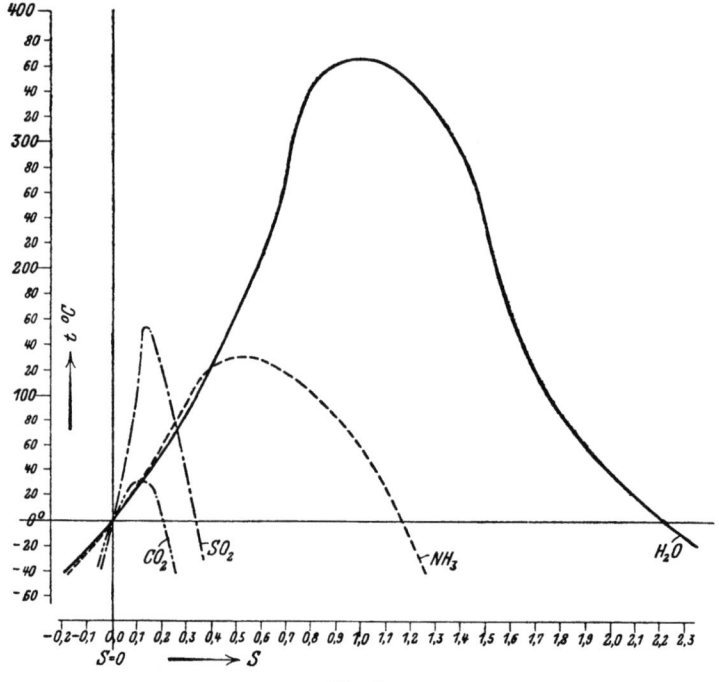

Fig. 5.

und gasförmiger, in (1 3) fester und gasförmiger. Auf der, der S-Achse notwendig parallelen Geraden (1 2 3) können die drei Zustände gleichzeitig nebeneinander bestehen. Die Temperatur, die dieser Geraden entspricht, hat wegen ihrer besonderen Bedeutung für den einzelnen Stoff den Namen „Fundamentaltemperatur" erhalten; sie ist natürlich für jeden Stoff verschieden und liegt für Wasser etwas über 273^0 absol. bei $+ 0{,}0074^0$ C.[1]) Die Kurven-

---

[1]) Vergl. über diese und die folgenden Daten: Planck, Thermodynamik, § 188 ff.

zweige $a\,1$ und $3\,d$ heißen Verdunstungs- (Sublimations-) Kurven, $1\,b\,2$ ist die Schmelzkurve und $2\,c\,3$ die Verdampfungskurve. Die Punkte b und c entsprechen den sog. „kritischen Temperaturen und Drücken" des Stoffes für den Übergang vom festen bezw. gasförmigen zum flüssigen Aggregatzustand. Dem Punkte b entsprechen für Wasser die Werte:

Temperatur $t = -120^0$ C. und Druck $p =$ ca. 17000 kg/cm²;

dem Punkte c:

$$t = +365^0 \text{ C.}; \qquad p = 196 \text{ kg/cm}^2.$$

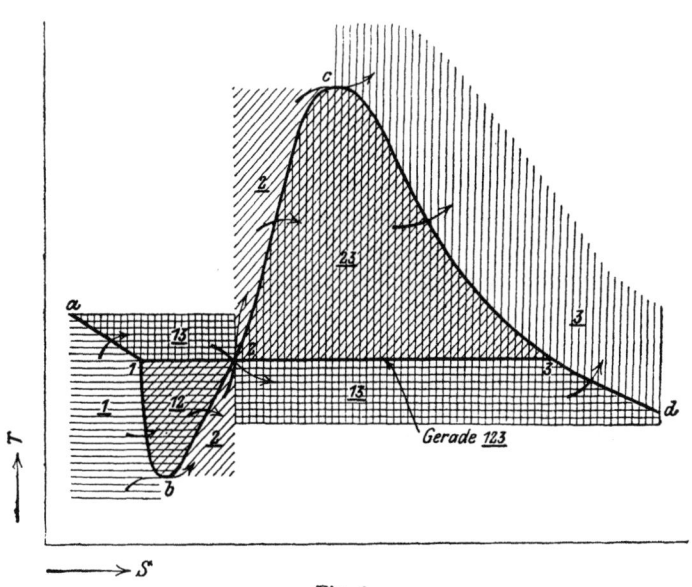

Fig. 6.

Diese Daten besagen, daß die Temperatur des Wassers zwischen -120^0 C. und $+365^0$ C. liegen muß, damit es möglich ist, den Stoff aus dem festen bezw. gasförmigen Zustand in den flüssigen überzuführen, und zwar gehören dazu dann Drücke von ≤ 17000 kg/cm² bezw. ≤ 196 kg/cm².

Die Pfeile geben die Wege an, auf denen der Stoff von einem zum anderen Aggregatzustand übergehen kann. Bei b und c vermag der Stoff die Übergänge von (1) nach (2) bezw. (2) nach (3) (und umgekehrt natürlich) auszuführen, ohne durch die Mischgebiete (1 2) bezw. (2 3) hindurchzukommen.

VI. Teil.

Der Entropiesatz vom Standpunkt der Wahrscheinlichkeitsrechnung.

In großen Zügen haben wir uns mit dem zweiten Hauptsatz und dem Entropiebegriff hinreichend vertraut gemacht, um uns ein Urteil über ihre Bedeutung für alle Zweige der Naturwissenschaften zu bilden. Wir könnten somit unsere Betrachtungen schließen, wenn nicht noch eine ganz andersartige Darstellung des Entropiesatzes bestände, die eine kurze Schlußbesprechung erfordert. Wir meinen die Behandlung des Entropiesatzes vom Standpunkte der Wahrscheinlichkeitsrechnung aus.

Die durch den Entropiesatz eindeutig festgelegte Richtung alles Geschehens hat man auf verschiedene Weise auszudrücken versucht. Man hat einmal der Natur ein gewisses Streben zugeschrieben, Gegensätze auszugleichen; ferner hat man gesagt: Alle Energiearten suchen sich in „wertlosere" Formen umzusetzen. (Der an sich subjektive Begriff „wertlos" wird dabei so definiert, daß die Energieart als die wertlosere bezeichnet wird, „die die kleinere Zahl von natürlichen Verwandlungsmöglichkeiten besitzt".)[1] Endlich brauchte man nach dem Vorgehen des Engländers Thomson, des späteren Lord Kelvin, den Begriff der „Energiezerstreuung" — the dissipation of energy — als Ausdruck für den zweiten Hauptsatz.

Die weitaus befriedigendste Art, den Inhalt des zweiten Hauptsatzes in einem gemeinsamen Streben der ganzen, uns physikalisch zugänglichen Welt auszudrücken, verdanken wir vorzüglich L. Boltzmann.[2] Nach dessen Forschungen hat die Natur das Bestreben, von Zuständen geringerer Wahrscheinlichkeit zu solchen mit größerer Wahrscheinlichkeit überzugehen.

---

[1] E. v. Hartmann, Weltanschauung der modernen Physik.
[2] L. Boltzmann, Vorlesungen über Gastheorie.

Mit anderen Worten: man kann jedem Zustand eines Systems einen bestimmten Wahrscheinlichkeitswert zulegen und dieser Wert hat die Eigenschaft, sich bei jedem natürlichen Vorgang zu vergrößern.

Wir wollen diese Art der Darstellung des zweiten Hauptsatzes kurz betrachten.[1]) Offenbar muß zunächst zwischen der Entropiegröße S und dem Wahrscheinlichkeitswert W eines Systemzustandes ein formelmäßiger Zusammenhang bestehen, so daß gilt:
$$S = f(W).$$

Nun gilt nach früherem einmal der Satz: Die Entropie des Zustandes eines Systems ist gleich der Summe der Entropien seiner Einzelteile.

Ferner gilt nach den Gesetzen der Wahrscheinlichkeitsrechnung der Satz: Die Wahrscheinlichkeit des Zustandes eines Systems ist gleich dem Produkt der Wahrscheinlichkeiten der Zustände der (unabhängigen) Einzelteile.

Diesen beiden Sätzen genügen S und W, wie leicht nachzuprüfen ist, wenn zwischen ihnen die Beziehung gilt:
$$S = k_1 \cdot \log W + k_2; \quad \text{oder:} \quad W = e^{S/k_1} : \quad k_2 = 0;$$

k_1 und k_2 sind Konstante, von denen die erstere universelle Bedeutung besitzt, die zweite gleich Null gesetzt werden kann.

Um diese Formeln praktisch zu verwerten, ist es notwendig, die Wahrscheinlichkeit W eines Systemzustandes als **direkte Funktion dieses Zustandes** zu ermitteln. Wir müssen hierauf verzichten, da es uns zu weit führen würde.[2]) Es sei nur festgestellt, daß W für Gas- und Strahlungssysteme exakt nach den Gesetzen der Wahrscheinlichkeitsrechnung zu ermitteln ist.

Die „universelle" Konstante k_1 unserer obigen Gleichung zwischen Entropie und Wahrscheinlichkeit läßt sich nach den Theorien der Wärmestrahlung auf Grund experimenteller Messungen im Spektrum berechnen. Es gilt:
$$k_1 = 1{,}346 \cdot 10^{-16},$$
bezogen auf Erg[3]) und Grade.

---

[1]) Vergl. hierzu: Plank, Wärmestrahlung, S. 135.
[2]) Vergl. hierzu: Plank, Wärmestrahlung, S. 139 ff.; Boltzmann, Vorlesungen über Gastheorie, Bd. I, 1. Abschnitt.
[3]) Ein „Erg" ist die physikalische Einheit der Arbeit.

Hiermit schreibt sich unsere obige Gleichung:

$$S = 1{,}346 \cdot 10^{-16} \cdot \log W,$$

bezogen auf Erg und Grade.

„Diese Gleichung kann als die allgemeinste, bisher existierende Definition der Entropie angesehen werden" (Plank, a. a. O., S. 162).

Schluß.

In vorstehender Arbeit haben wir versucht, uns ein eigenes Urteil über die **Bedeutung** und besonders über die **Richtigkeit des Entropiesatzes** zu verschaffen. Bei einem Satz von so umfassender Bedeutung ist es notwendig, nach Möglichkeit sich selbst Rechenschaft zu geben, inwieweit der Satz richtig oder unrichtig ist. Autoritäten einfach Glauben zu schenken, kann uns, wie besonders im vorliegenden Falle, in den größten Zwiespalt bringen. Denn gerade der Entropiesatz scheint dem Fernerstehenden von Autoritäten ebenso verurteilt, wie hochgefeiert zu sein.

Als Beispiel hierfür sollen zum Schluß noch zwei Männer mit klangvollen Namen zu Worte kommen, die ihre Meinung über das Entropiegesetz in volkstümlich gehaltenen Schriften niedergelegt haben; die Leser der vorstehenden Abhandlung mögen sich dazu ihr eigenes Urteil bilden. —

Der Jenenser Professor E. Häckel, der bekannte Vorkämpfer der Zuchtwahllehre, schreibt in seinen viel umstrittenen „Welträtseln", S. 100:

„Der zweite Hauptsatz widerspricht dem ersten und muß aufgegeben werden."

Der Petersburger Physikprofessor O. D. Chwolson schreibt in seinem satirisch-kritischen Büchlein: „Hegel, Häckel, Kossuth und das zwölfte Gebot", S. 63:

„Ich behaupte, daß die Entdeckung des Entropiegesetzes das höchste ist, was der menschliche Geist auf allen Gebieten des Wissens und Könnens bisher geleistet hat; daß der diesem Gesetz zugrunde liegende Gedanke an philosophischer Tiefe, an allumfassender Bedeutung für die Erkenntnis des Seienden, an unendlicher Fruchtbarkeit unvergleichlich dasteht, und daß keine Wissenschaft ein Resultat, einen Gedanken aufzuweisen hat, der sich an Großartigkeit mit dem Entropiesatze vergleichen ließe. Auf diesen Satz, dem der Schönheitsstempel der absoluten Wahrheit aufgedrückt ist, kann die Menschheit stolzer sein, als auf alles übrige, was sie erreicht und erkämpft . . . . Unter den wenigen Wahrheiten, zu denen sich die Menschheit durchgerungen, steht das Entropiegesetz obenan.

Literatur-Nachweis.

Boltzmann, L., Vorlesungen über Gastheorie, Band I und II. Leipzig 1895 und 1898.
— Populäre Schriften. Leipzig 1905.
Chwolson, O. D., Hegel, Haeckel, Kossuth und das 12. Gebot. Braunschweig 1906.
Clausius, R., Abhandlungen über die mechanische Wärmetheorie, Band I, II und III. Braunschweig 1897, 79, 89.
— Über den 2. Hauptsatz der mechanischen Wärmetheorie. Vortrag aus dem Jahre 1867.
Gibbs, I. Williard, On the equilibrium of hetero-geneous substances. Deutsch von W. Oswald, Thermodynamische Studien. Leipzig 1892.
— Elementare Grundlagen der statistischen Mechanik. Deutsch von E. Zermelo. Leipzig 1905.
Haeckel, E., Welträtsel.
Hartmann, E. von, Weltanschauung der modernen Physik. Leipzig 1902.
Lorenz, H., Lehrbuch der Technischen Physik, Band II — Technische Wärmelehre. München und Berlin 1904.
Mollier, R., Neue Tabellen und Diagramme für Wasserdampf. Berlin 1906.
Ostwald, Vorlesungen über Naturphilosophie, 3. Auflage. Leipzig 1905.
Planck, Max, Thermodynamik, 2. Auflage. Leipzig 1905.
— Wärmestrahlung. Leipzig 1906.
Poincaré, H., Wissenschaft und Hypothese. Deutsch von F. und L. Lindemann. Leipzig 1904.
Stern, L. W., Zeitschrift für Philosophie und philosophische Kritik. Band 121 und 122.
Zeuner, G., Technische Thermodynamik. Leipzig 1901 und 1905.

Verlag von Julius Springer in Berlin.

Technische Wärmemechanik. Die für den Maschinenbau wichtigsten Lehren aus der Mechanik der Gase und Dämpfe und der mechanischen Wärmetheorie. Von W. Schüle, Ingenieur, Oberlehrer an der Königl. Höheren Maschinenbauschule zu Breslau. Mit 118 Textfiguren und 4 Tafeln. In Leinwand gebunden Preis M. 9,—.

Neue Tabellen und Diagramme für Wasserdampf. Von Dr. R. Mollier, Professor an der Technischen Hochschule zu Dresden. Mit 2 Diagrammtafeln. Preis M. 2,—.

Die Thermodynamik der Dampfmaschinen. Von Fritz Krauß, Ingenieur, behördlich autorisierter Inspektor der Dampfkessel-Untersuchungs- und Versicherungs-Gesellschaft in Wien. Mit 17 Textfiguren. Preis M. 3,—.

Elemente der technologischen Mechanik. Von Dr. P. Ludwik, Wien. Mit 20 Textfiguren und 3 Tafeln. Preis M. 3,—.

Hilfsbuch für den Maschinenbau. Für Maschinentechniker sowie für den Unterricht an technischen Lehranstalten. Von Professor Fr. Freytag, Lehrer an den Technischen Staatslehranstalten in Chemnitz. Dritte, vermehrte und verbesserte Auflage. Mit 1041 Textfiguren und 10 Tafeln. In Leinwand gebunden Preis M. 10,—; in Leder gebunden M. 12,—.

Beiträge zur Geschichte der Technik und Industrie. Jahrbuch des Vereins deutscher Ingenieure. Herausgegeben von Conrad Matschoß. Erster Band 1909. Mit 247 Textfiguren und 5 Bildnissen. Preis M. 8,—; in Leinwand gebunden M. 10,—.

Die Entwickelung der Dampfmaschine. Eine Geschichte der ortsfesten Dampfmaschine und der Lokomobile, der Schiffsmaschine und Lokomotive. Im Auftrage des Vereins deutscher Ingenieure bearbeitet von Conrad Matschoß. Zwei Bände. Mit 1853 Textfiguren und 38 Bildnissen. In Leinwand geb. Preis M. 24,—; in Halbleder geb. M. 27,—.

Die rationelle Auswertung der Kohle als Grundlage für die Entwicklung der nationalen Industrie. Mit besonderer Berücksichtigung der Verhältnisse in den Vereinigten Staaten von Nordamerika, England und Deutschland. Von Dr. Franz Erich Junge, beratendem Ingenieur, New York. Mit 10 graphischen Darstellungen. Preis M. 3,—.

Zu beziehen durch jede Buchhandlung.

Verlag von Julius Springer in Berlin.

Höhere Mathematik für Studierende der Chemie und Physik und verwandter Wissensgebiete. Von J. W. Mellor. In freier Bearbeitung der zweiten englischen Ausgabe herausgegeben von Dr. Alfred Wogrinz und Dr. Arthur Szarvassi. Mit 109 Textfiguren. Preis M. 8,—.

Einführung in die Differential- und Integralrechnung nebst Differentialgleichungen. Von Dr. F. L. Kohlrausch, Dozent der Ausbildungskurse am Kaiserlichen Telegraphen-Versuchsamt Berlin. Mit 100 Textfiguren und 200 Aufgaben.
Preis M. 6,—; in Leinwand gebunden M. 6,80.

Die wichtigsten Begriffe und Gesetze der Physik unter alleiniger Anwendung der gesetzlichen und der damit zusammenhängenden Maßeinheiten. Von Dr. O. Lehmann, Professor der Physik an der Technischen Hochschule zu Karlsruhe. Preis M. 1,—.

Landolt-Börnstein, Physikalisch-Chemische Tabellen. Dritte, umgearbeitete und vermehrte Auflage unter Mitwirkung zahlreicher Physiker und Chemiker und mit Unterstützung der Königl. Preußischen Akademie der Wissenschaften herausgegeben von Dr. **Richard Börnstein,** Professor der Physik an der Landwirtschaftlichen Hochschule zu Berlin, und Dr. **Wilhelm Meyerhoffer,** Professor, Privatdozent an der Universität zu Berlin. In Moleskin gebunden Preis M. 36,—.

Naturkonstanten in alphabetischer Ordnung. Hilfsbuch für chemische und physikalische Rechnungen, mit Unterstützung des Internationalen Atomgewichtsausschusses herausgegeben von Professor Dr. H. Erdmann, Vorsteher, und Privatdozent Dr. P. Köthner, erstem Assistenten des Anorganisch-Chemischen Laboratoriums der Königl. Technischen Hochschule zu Berlin.
In Leinwand gebunden Preis M. 6,—.

Ergebnisse und Probleme der Elektronentheorie. Vortrag von H. A. Lorentz, Professor an der Universität Leiden. Zweite, durchgesehene Auflage. Preis M. 1,50.

Die neueren Wandlungen der elektrischen Theorien, einschließlich der Elektronentheorie. Zwei Vorträge von Dr. G. Holzmüller. Mit 22 Textfiguren. Preis M. 3,—.

Darmstaedters Handbuch zur Geschichte der Naturwissenschaften und der Technik. In chronologischer Darstellung. Zweite, umgearbeitete und vermehrte Auflage. Unter Mitwirkung von Professor Dr. R. du Bois-Reymond und Oberst z. D. C. Schaefer herausgegeben von Professor Dr. L. Darmstaedter.
In Leinwand gebunden Preis M. 16,—.

Zu beziehen durch jede Buchhandlung.

MIX
Papier aus verantwortungsvollen Quellen
Paper from responsible sources
FSC® C105338

If you have any concerns about our products,
you can contact us on
ProductSafety@springernature.com

In case Publisher is established outside the EU,
the EU authorized representative is:
**Springer Nature Customer Service Center GmbH
Europaplatz 3, 69115 Heidelberg, Germany**

Printed by Libri Plureos GmbH
in Hamburg, Germany